BEI GRIN MACHT SICH IHR WISSEN BEZAHLT

AF137639

- Wir veröffentlichen Ihre Hausarbeit,
  Bachelor- und Masterarbeit

- Ihr eigenes eBook und Buch -
  weltweit in allen wichtigen Shops

- Verdienen Sie an jedem Verkauf

Jetzt bei www.GRIN.com hochladen und kostenlos publizieren

Juergen Weinzoedl

Lasertechnik in der Leiterplattenfertigung

GRIN Verlag

Bibliografische Information der Deutschen Nationalbibliothek:

Die Deutsche Bibliothek verzeichnet diese Publikation in der Deutschen National-
bibliografie; detaillierte bibliografische Daten sind im Internet über http://dnb.d-
nb.de/ abrufbar.

Impressum:

Copyright © 2007 GRIN Verlag GmbH
Druck und Bindung: Books on Demand GmbH, Norderstedt Germany
ISBN: 978-3-640-26794-1

Dieses Buch bei GRIN:

http://www.grin.com/de/e-book/121928/lasertechnik-in-der-leiterplattenfertigung

GRIN - Your knowledge has value

Der GRIN Verlag publiziert seit 1998 wissenschaftliche Arbeiten von Studenten, Hochschullehrern und anderen Akademikern als eBook und gedrucktes Buch. Die Verlagswebsite www.grin.com ist die ideale Plattform zur Veröffentlichung von Hausarbeiten, Abschlussarbeiten, wissenschaftlichen Aufsätzen, Dissertationen und Fachbüchern.

Besuchen Sie uns im Internet:

http://www.grin.com/

http://www.facebook.com/grincom

http://www.twitter.com/grin_com

Lasertechnik in der Leiterplattenfertigung

Bachelor-Arbeit von

Jürgen Weinzödl

ausgeführt am

FACHHOCHSCHULE DER WIRTSCHAFT

Fachhochschulstudiengang Innovationsmanagement

Im Rahmen der Lehrveranstaltung

4.Semester

Graz, 17. Juni 2007

Kurzfassung

Durch die fortschreitende Miniaturisierung technischer Produkte stoßen immer mehr konventionelle Fertigungsverfahren an ihre Grenzen. Diese Arbeit beschreibt die Möglichkeiten der Lasertechnik in der Fertigung von Leiterplatten, um konventionelle Fertigungsverfahren zu ergänzen bzw. zu ersetzen. In der Arbeit wird zuerst generell die Materialbearbeitung mittels Laser dargestellt. Als nächster Punkt wird die Herstellung von Mikrolöchern unter Verwendung von verschiedenen Laserarten und Herstellprozessen beschrieben. Danach werden sowohl Methoden zur Erstellung des Leiterbildes, wie das Laserdirektbelichten und Laserdirektstrukturieren, als auch das Strukturieren von Lötstoppmasken mittels Lasertechnik erklärt. Im letzten Teil wird auf das Laserschneiden von flexiblen und starr-flexiblen Leiterplatten eingegangen. Diese Arbeit soll weiters den Umstand verdeutlichen, dass eine fortschreitende Miniaturisierung in der Herstellung von technologisch hochwertigen Leiterplatten den Einsatz von Lasertechnik verlangt, da nur mit Hilfe von Lasertechnik die dafür notwenigen, feinsten Strukturen hergestellt werden können.

Abstract

The miniaturization of technical products has led to an increasing number of conventional manufacturing processes of printed circuit boards being taken to their limits. This paper will describe some possibilities of the use of a laser in the manufacturing of printed circuit boards, in order to supplement and replace conventional manufacturing processes. First, the processing of materials by means of laser-light will be dealt with. Secondly, the manufacturing of micro-vias by means of different types of lasers and processes will be discussed, after which both methods of imaging (such as laser-direct-imaging and laser-direct-pattern) and solder-resist-structuring by means of laser-technology will be described. Finally, the laser-cutting of flexible- and rigid-flexible boards will be treated. This paper should further demonstrate that progressive miniaturization is connected with the usage of laser technology in the manufacturing of high tech circuit boards laser-technology enables the manufacture of minimum structures.

Inhaltsverzeichnis

Abbildungsverzeichnis

Kapitel 1

Einleitung

1.1 Motivation

Erweiterung des Funktionsumfanges bei gleichzeitiger Reduktion von Größe und Gewicht ist der Trend bei technischen Produkten. Besonders deutlich ist dies im Handheltsektor zu beobachten, wo immer mehr Funktionen auf immer weniger Raum gebündelt werden müssen. Dies impliziert eine fortschreitende Verkleinerung des Geräteinnenlebens - dh. der Leiterplatte. Mit der HDI - Technologie (High Desity Interconnection) wurde Ende der 90er Jahre die wesentlichste Änderung der letzten Jahre in den Aufbauten von Leiterplatten eingeführt. Dazu wurde erstmals Lasertechnologie für das Bohren von Verbindungen (den sog. Microvias) von einer Lage zur nächsten eingesetzt, wodurch sich die Packungsdichte signifikant erhöhen ließ. Die Microviatechnik ist auch hinsichtlich ihrer elektrischen Eigenschaften für schnelle Digitalschaltungen aufgrund ihrer kurzen Wege und der kapazitätsarmen Microvias ideal. „Microvias sind per Definition Löcher mit einem Durchmesser, kleiner als $150 \mu m$ und/oder Lochdichten von mehr als 1000 Bohrungen/dm^2".[1]

Es werden auch immer neue Anforderungen an Basismaterialien hinsichtlich thermischer und mechanischer Leistungsfähigkeit sowie niedriger Verlustfaktoren und Dielektrizitätszahlen gestellt. Herkömmliche mechanische Fertigungsprozesse stoßen hierbei nach technischen oder wirtschaftlichen Kriterien zunehmend an ihre Grenzen. Durch Lasertechnik lassen sich feinste Strukturen und Bohrungen im Mikro-Bereich herstellen, die sich durch konventionelle Verfahren, wie beispielsweise Bohren mit Hartmetallspiralbohrern nicht mehr realisieren lassen.

---

[1] Willuweit (2002)

1.2 Ziel der Arbeit

Ziel dieser Arbeit ist es, die Möglichkeiten und Vorteile der Lasertechnik in der Herstellung von Leiterplatten überall dort darzustellen, wo konventionelle Herstellverfahren in technischer oder wirtschaftlicher Hinsicht an ihre Grenzen stoßen. Sowohl die einzelnen Prozesse, bei denen Lasertechnik zunehmend konventionelle Verfahren ablöst, als auch die dort eingesetzten Laserquellen sollen in der Arbeit dargestellt werden. Weiters soll die Notwendigkeit des Einsatzes von Lasertechnik und ihre Korrelation mit der aktuellen Entwicklung verdeutlicht werden.

Kapitel 2

Leiterplatten

Grundsätzlich können Leiterplatten durch Subtraktiv- oder Additivtechnik hergestellt werden. Bei der Subtraktivtechnik wird ein kupferkaschiertes Basismaterial verwendet und das Leiterbild durch Abtragen (in der Regel Ätzen) erzeugt. Im additiven Verfahren wird unkaschiertes Basismaterial verwendet und das Leiterbild durch Auftragen (Metallabscheidung) erzeugt. Welches Herstellverfahren dabei zum Einsatz kommt, hängt von der Anwendung, der Aufbautechnik, der geforderten Qualität und insbesondere von den Kosten ab. [2]

Je nach Aufbautechnik der Leiterplatte unterscheidet man:

■ Einseitige Leiterplatten (Monolayer)

■ Doppelseitige Leiterplatten (Bilayer)

■ Doppelseitig, durchkontaktierte Leiterplatten (DK-Bilayer)

■ Mehrlagige Leiterplatten (Multilayer)

■ Hochdichte Mehrlagenaufbauten (HDI = High Density Interconnection)

Weiters unterscheidet man nach der Technologie der Leiterplatte:

■ Starre Leiterplatten (RPC = Rigid Printed Circuits)

■ Flexible Leiterplatten (FPC = Flexible Printed Circuits)

■ Starr-flexible Leiterplatten (RFPC = Rigid-Flex Printed Circuits)

---

[2] vgl. Keller (2004), Seite 472

2.1 Basismaterial

Ausgangsmaterial von Leiterplatten sind Verbundwerkstoffe, die aus einem Dielektrikum mit oder ohne Kupferkaschierung aufgebaut sind. Je nach Leiterplattentechnologie, Aufbau, sowie den physikalischen und chemischen Anforderungen an das Basismaterial werden unterschiedliche Basismaterialarten eingesetzt.[3]

2.1.1 Kupferfolien

Kupferkaschierungen für die Leiterplattenfertigung werden hauptsächlich galvanisch hergestellt. Hierbei erfolgt die galvanische Abscheidung von Kupfer auf eine zylindrische Trommel, welche sich ca. zur Hälfte in eine Schwefelsäure-Kupferlösung getaucht dreht. Die Dicke der Kupferfolie wird durch die Rotationsgeschwindigkeit der Trommel gesteuert. Durch dieses Verfahren lassen sich Kupferfolien von 9μm bis 210μm Dicke herstellen. Die hierbei hergestellte Kupferfolie hat eine glatte und eine matte Seite. Die glatte Seite wird durch die Trommeloberfläche vorgegeben und wird als Cu-Oberseite des Basismaterials eingesetzt. Die matte, mikroraue Seite ist die Wachstumsseite, welche nach einem weiteren elektrochemischen Prozess mit einer sogenannten Treatmentschicht zur optimalen Haftung auf dem Dielektrikum versehen wird. Beim Treatmentprozess wird durch abwechselndes Aufbauen und Verfestigen von Kupfer eine dendritische und sphärische Oberfläche erzeugt, die sich durch hochdichte und gleichmäßig verteilte Mikrostrukturen auszeichnet und eine optimale Haftung auf dem Dielektrikum ermöglicht.[4]

Typische Nenndicken von Kupferkaschierungen sind 17.5μm, 35μm und 70μm, wobei der Trend zu immer dünneren Foliendicken geht, um feinste Geometrien ($< 100\mu$m) herstellen zu können. Bei sehr dünnen Kaschierungen (7μm, 5μm) scheiden die Hersteller meist eine weitere Cu-Schicht über der eigentlichen Kaschierung ab, um das Handling zu erleichtern und die Kaschierung vor mechanischer Beschädigung zu schützen. Diese sogenannte Carrierschicht ist durch eine Trennschicht vom Basiskupfer getrennt, damit sie nach der

---

[3]   vgl. Gemsleben (2004), Seite 99

[4]   vgl. Gemsleben (2004), Seite 99ff

Verpressung und dem Bohren leichter abgezogen werden kann und dient gleichzeitig als Oberflächenschutz vor Oxidation. Ultradünne Kupferkaschierungen haben weiters den Vorteil, sowohl für Nd:YAG- als auch für CO_2 Laser bearbeitbar zu sein. Damit das Kupfer für den CO_2 Laser bearbeitbar ist, muss es eine spezielle Oberflächenbeschaffenheit aufweisen, welche das Laserlicht des CO_2 Lasers großteils nicht reflektiert.[5]

2.1.2   Dielektrikum

Die wichtigsten Dielektrika sind Standard-Epoxiy-Laminate, Materialbezeichnung FR4, die aus, in Epoxydharz getränkten, Glasgewebematten aufgebaut sind. Weiters werden zunehmend auch sogenannte grüne Laminate, welche halogenfreies Flammschutzmittel enthalten, thermostabile Laminate mit hoher Glasübergangstemperatur (Hoch-Tg) aus höherwertigen Kunststoffen wie Teflon, Cyanatester oder Keramik, sowie Hochfrequenzmaterialien, die sich durch einen sehr niedrigen Verlustfaktor sowie eine niedrige Dielektrizitätszahl auszeichnen, verwendet. Für flexible und starrflexible Leiterplatten wird weitgehend Polyimid und Polyester verwendet. Zunehmend werden auch Materialien mit Metallkernen (z.B. Aluminium) als mechanischer Träger und/oder zur Wärmeableitung eingesetzt.[6] [7]

Die Herstellung von Leiterplatten mit hoher Integrationsdichte (HDI) erfordert speziell auf die Lasertechnik abgestimmte Dielektrika. Solche glasverstärkten Basismaterialien charakterisieren sich durch leichte Glasgewebekonstruktionen und Glasvliese mit definierter Filamentgeometrie.[8]

---

[5]   vgl. Gemsleben (2004), Seite 109f

[6]   vgl. Gemsleben (2004), Seite 473

[7]   vgl. ISOLA (2007)

[8]   vgl. Willuweit (2002)

Kapitel 3

Materialbearbeitung mit Lasern

Trifft ein Laserstrahl auf ein Material, wird er abhängig von den wellenlängenabhängigen Materialeigenschaften und der Topografie der Materialoberfläche zum Teil absorbiert und zum Teil reflektiert. Die absorbierte Laserstrahlung erwärmt das Material, was bei höherer absorbierter Energie zum Schmelzen und schließlich zum Verdampfen des Materials führt. Diese thermischen Prozesse werden zur Materialbearbeitung genutzt. Erwärmen wird zum Härten und für Oberflächenmodifikationen, Schmelzen für Schweissen, Auflegieren und Verdampfen für Bohr- und Schneidprozesse genutzt.[9] [10]

Die Absorption hängt weiters von den physikalischen Eigenschaften des Laserstrahls (Wellenlänge, Polarisation, etc.), den Umgebungsbedingungen (Prozessgase, das Werkstück umgebende Materialien), der Geometrie des Werkstücks (Dicke des Werkstücks etc.) und von Veränderungen des Werkstückes bzw. dessen Umgebung (lokale Aufheizung, Phasenumwandlungen, laserinduziertes Plasma) ab.[11] Abbildung 3-1 zeigt das Absorptionsspekrum für unterschiedliche Werkstoffe in Abhängigkeit von der Wellenlänge.

'"Die Reflektivität eines Materials definiert den Anteil des einfallenden Lichts, das absorbiert wird und somit zur Erwärmung des Materials beiträgt. Daher ist die Reflektivität eine dimensionslose Zahl zuwischen 0 und 1".[12]

Der Anteil des Lichtes, welcher von einer metallischen Oberfläche absorbiert wird, ist proportional 1 - R, wobei R die Reflektivität ist. Bei CO_2 Laserquellen, welche eine Wellenlänge von 10.6μm besitzen und wenn die Reflektivität des Materials knapp unter 1 ist, ist der An-

---

[9] vgl. Poprawe (2005), Seite 1f

[10] vgl. Eichler und Eichler (2006), Seite 397

[11] vgl. Poprawe (2005), Seite 14

[12] vgl. Ready (1998), Seite 320

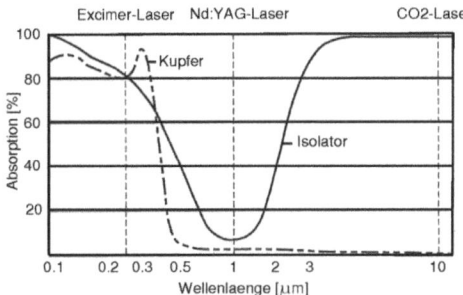

Abbildung 3-1: **Absorptionsspektum verschiedener Werkstoffe in Abhängigkeit der Wellenlänge**

(Quelle: In Anlehnung an: Poprawe (2005), Seite 351)

teil der absorbierten Energie sehr gering. Das bedeutet, dass Materialien wie beispielsweise Kupfer oder Silber sehr schwierig mit langen Wellenlängen bearbeitbar sind. Bei kürzeren Wellenlängen, wie beispielsweise beim dreifach frequenzvervielfachten Nd:YAG Laser, der üblicherweise bei 355nm betrieben wird, ist der Faktor 1 - R viel höher als bei dem langwelligem Licht des CO_2 Lasers.[13]

Bei steigender Temperatur nimmt die Absorption zu. Dies ist auf die, von der Temperatur abhängigen Elektronen-Gitterbewegungen sowie die entstehenden Prozessgase zurückzuführen.[14]

Für die Auswahl des richtigen Lasers, speziell bei materialabtragender Bearbeitung, sind unbedingt die Materialeigenschaften in Abhängigkeit zur Wellenlänge bezüglich der Absorption zu berücksichtigen.[15]

---

[13] vgl. Ready (1998), Seite 321

[14] vgl. Poprawe (2005), Seite 34

[15] vgl. Ready (1998), Seite 387

Kapitel 4

Laserbohren

Sehr lange hat das mechanisch gebohrte Loch mittels Spiralbohrer den Anforderungen der Leiterplatte genügt und ist auch heute noch eine kostengünstige Methode zu Erzeugung von Bohrungen. In Großserien werden heute Durchmesser $\geq 200\mu$m mechanisch gebohrt, wobei in kleineren Serien auch Bohrdurchmesser von 100 und sogar 50μm möglich sind. Jedoch sind sie technisch sehr aufwendig und unsicher herzustellen, da solch dünne Werkzeuge sehr leicht brechen. Solche sogenannten *Microvias* werden heutzutage in Großserien speziell für die HDI-Leiterplatte überwiegend mittels Lasertechnik hergestellt. Somit ist das Laserbohren eine der wichtigsten Laseranwendungen in der Leiterplattenfertigung.[16]

Microvias sind sogenannte Durchkontaktierungen, dh. gebohrte und anschließend metallisierte Bohrungen, die einzelne Signallagen miteinander verbinden.[17] In Abbildung 4-1 sind Lochtypen und Kombinationen dargestellt, wie sie bei HDI-Leiterplatten für gewöhnlich zum Einsatz kommen.

- A = Durchgangsloch (Via)

- B = Vergrabenes Loch (innenliegende Durchkontaktierung, burried via) über zwei Lagen

- C = Vergrabenes Loch (innenliegende Durchkontaktierung, burried via) über mehr als zwei Lagen

- D = Sackloch (blind via) Aspektratio ≥ 1, „gedeckeltes Sackloch", unechtes Sackloch

- E = Sackloch (blind via) Aspektratio < 1

Zur Herstellung von Microvias gibt es neben den sequenziellen Verfahren wie mechanisch Bohren und Laserbohren noch simultane Verfahren wie das Plasmaätzen, das Mikroprägen

---

[16]   vgl. Gerlach und Skrypczinski (2004), Seite 200

[17]   vgl. Poprawe (2005), Seite 304

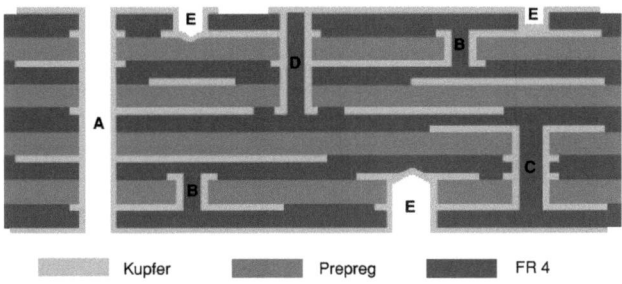

Abbildung 4-1: **Lochtypen und Kombinationen**
(Quelle: In Anlehnung an: de Buhr und Rook (2004), Seite 533)

und fotolithografische Prozesse unter Verwendung von fotosensitiven Dielektrika. Diese alternativen Herstellungsverfahren haben sich jedoch wenig verbreitet, da beim Plasmaätzen keine verstärkten Materialien (bspw. glasverstärkt) bearbeitet werden können und bei der fotolithografischen Locherzeugung der Einsatz sehr teurer Materialien notwendig ist. Die Herstellung von Microvias durch Mikroprägeverfahren ist derzeit noch im Versuchsstadium und nicht serientauglich. In der Lasertechnik wurde in den 90er Jahren durch die Entwicklung zweier schrittmotorbetriebener Spiegel, welche den Laserstrahl ablenken, eine Methode geschaffen, bei der alle Löcher innerhalb des Bereiches dieser Spiegel - derzeit ca. 50 mm x 50 mm - ohne Verfahren des Maschinentischs hergestellt werden können. Somit konnte die Laserbohrzeit um ein vielfaches reduziert werden.[18] [19] [20]

Die Vorteile des Laserbohrens sind das berührungslose Abtragen ohne ein verschleißendes Werkzeug, präzise herstellbare Raster in engsten Abständen ohne die angrenzenden Gebiete zu erhitzen oder zu verunreinigen, was bei mechanisch gebohrten Löchern nicht vermieden werden kann. Weiters ist das Werkstück durch die berührungslose Bearbeitung sehr einfach, meist durch eine Vakuumansaugung am Maschinentisch zu fixieren. Schließlich sind nahezu

---

[18]   vgl. de Buhr und Rook (2004), Seite 210
[19]   vgl. Lehnberger und Oberender (2004), Seite 532
[20]   vgl. Pape (2004)

alle Materialien mittels Laser bearbeitbar, wo mechanische oder chemische Verfahren an ihre Grenzen stoßen.[21]

4.1   Prozessbeschreibung

Beim Laserbohren wird das Material lokal soweit erwärmt, dass es ionisiert und verdampft. Es entsteht Plasma, welches durch die unterschiedlichen Druckverhältnisse der Umgebung und des Ortes der Bohrung weggeschleudert wird. Bohrungen in Leiterplatten werden hauptsächlich durch Perkussionsbohrverfahren hergestellt. Aber auch Techniken wie Wendelbohren und Trepanierbohren werden für das Bohren von Löchern in Leiterplatten angewendet. Die Abbildung 4-2 zeigt schematisch dargestellt die einzelnen Laserbohrverfahren. Der Vorteil gegenüber dem Einzelpulsbohren, wobei mittels nur eines Pulses das Bohrloch hergestellt wird, ist die geringere nötige Pulsenergie sowie die höhere Qualität der Bohrungen.[22] [23]

| Einzelpulsbohren | Perkussionsbohren | Trepanierbohren | Wendelbohren |

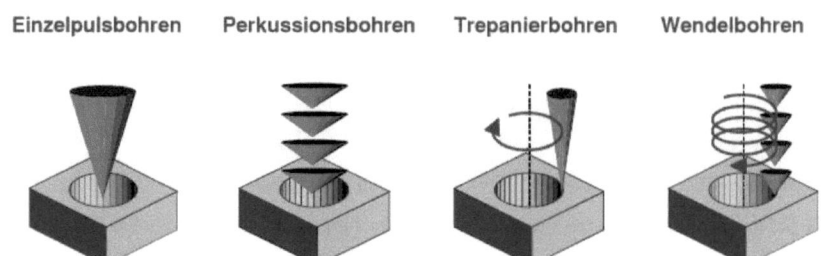

Abbildung 4-2: **Laserstrahlbohrverfahren**(Quelle: Poprawe (2005), Seite 306)

---

[21]   vgl. Ready (1998), Seite 338 und 396

[22]   vgl. Poprawe (2005), Seite 300

[23]   vgl. Ready (1998), Seite 320

4.1.1 Perkussionsbohren

Hierbei trifft der Laserstrahl in mehreren kurzen Pulsen das Werkstück immer an derselben Stelle und verdampft dabei jeweils etwas Werkstoff, bis die gewünschte Bohrtiefe erreicht ist. Bei konstanten Prozessparametern sinkt die Abtragrate nach jedem Puls, wobei die charakteristisch konische Bohrungsgeometrie entsteht. Die Änderung der Abtragrate ist hauptsächlich auf die Absorption der Laserstrahlung am Bohrungsgrund, die Verluste durch Wärmeleitung und die Absorption der Laserstrahlung im sich bildenden Plasma zurückzuführen. Der kleinstmögliche Bohrdurchmesser beim Perkussionsbohren entspricht dem Laserstahldurchmesser, wobei dieser durch die physikalischen Prozesse während des Bohrprozesses zusätzlich noch etwas vergrößert wird.[24] [25]

4.1.2 Trepanierbohren

Das Trepanierbohren ist eine kombinierte Schneid- und Bohrtechnik, bei der die erste Bohrung im Zentrum der Bohrung eine Perkussionsbohrung ist und der Strahl bis zum Erreichen des gewünschten Bohrdurchmessers, konzentrische Kreisbahnen mit einer definierten Überlappung beschreibt. Die Trepaniertechnik wird in der Regel für Bohrungen mit Durchmessern von $200\mu m$ bis mehrere Milimeter angewendet und zeichnet sich durch die hohe Rundheit der hiermit hergestellten Bohrungen aus. Beim Trepanierbohren wird im Gegensatz zum Perkussionsbohren die Schmelze nach unten aus der Bohrung ausgetrieben.[26] [27]

4.1.3 Wendelbohren

Wendelbohren ist die konkurrierende Technik zum Perkussionsbohren bei der Herstellung von Microvias. Hierbei wird im Unterschied zum Trepanierbohren der Werkstoff schichtweise abgetragen, wodurch dies eine Kombination aus Bohren und Schneiden ist. Je nach

---

[24] vgl. Poprawe (2005), Seite 305
[25] vgl. Ready (1998), Seite 320
[26] vgl. Poprawe (2005), Seite 305ff
[27] vgl. Ready (1998), Seite 320

Laserstrahldurchmesser können mit dieser Technik Bohrdurchmesser $< 100\mu m$ hergestellt werden. Die Präzision der durch Wendelbohrverfahren hergestellten Bohrungen ist höher als die der anderen Laserbohrverfahren, jedoch sind höhere Pulsenergien bei gleichzeitig kürzeren Pulsen nötig.[28]

4.2 Laserbohrtechnologien

Der Einsatz der Lasersysteme zum Laserbohren von Leiterplatten hängt vom gewünschten Bohrungsdurchmesser, den Aspektverhältnissen und von dem zu bearbeitenden Material ab. Es werden überwiegend zwei Lasersysteme eingesetzt. Für den Durchmesserbereich von 100 - 300μm werden CO_2 Lasersysteme und für Durchmesser $< 150\mu m$ werden Nd:YAG-Lasersysteme eingesetzt. Da jedoch die langwellige IR-Strahlung des CO_2 Lasers von der Kupferkaschierung großteils reflektiert wird, kommen meist kombinierte Lasersysteme, sogenannte Hybridlaser, zum Einsatz. Es können aber auch Ätz-, oder Beschichtungsprozesse vor dem Lasern mit reiner CO_2 Laserstrahlung zum Einsatz kommen.[29] [30]

4.2.1 Laserbohren mit reinen CO_2 Lasersystemen

Der CO_2 Laser ist der bedeutendste Moleküllaser unter der Gruppe der Gaslaser und wird wegen seines sehr hohen Wirkungsgrads von 10% bis 20% bevorzugt in der Materialbearbeitung eingesetzt. Das CO_2 Molekül setzt sich aus einer linearen Anordung von Atomen zusammen, wobei das Kohlenstoffatom in der Mitte angeordnet ist. Dieses Molekül kann drei verschiedene Arten von Schwingungen ausführen. Symmetrische Streckschwingungen, Biegeschwingungen und asymmetrische Streckschwingungen. Jede Schwingungsart besitzt ein anderes Energieniveau, wobei die Laserstrahlung vom höcheten Energieniveau ausgeht. Das Lasermedium besteht aus einem CO_2-N_2-He-Gasgemisch, welches durch eine Gasentladung angeregt wird. Dabei kollidieren die durch Elektronenstöße in der Entladung ange-

---

[28] vgl. Poprawe (2005), Seite 305

[29] vgl. de Buhr und Rook (2004), Seite 212

[30] vgl. Poprawe (2005), Seite 302

regten N_2-Moleküle mit den CO_2-Molekülen und regen diese im oberen Energieniveau zum Schwingen an, sodass eine Inversion entsteht, die zur induzierten Emission führt. Es kann Laseremission in zwei Wellenlängenbereichen um 9.6μm und 10.6μm auftreten, wobei in der Regel nur der Wellenlängenbereich von 10.6μm auftritt, da die dabei beteiligten Energieniveaus einem schnelleren Energieaustausch unterliegen. Das Helium hat die Aufgabe, den Druck im Laserrohr zu erhöhen, um die Stabilität der Entladung zu verbessern und das untere Laserniveau zu entleeren.[31] [32]

Da die langwellige IR-Strahlung des CO_2 Lasers von der Kupferkaschierung des Basismaterials größtenteils reflektiert wird, muss die Cu-Oberfläche erst durch einen fotolithographischen Prozess entfernt werden um damit eine Lochmaske für den Laserbohrvorgang zu erzeugen. Der Vorteil dabei ist die hohe Geschwindigkeit mit der Microvias in diesem Verfahren hergestellt werden können. Nachteilig wirken sich der zusätzliche Prozess vor dem Laserbohren und die geringere Genauigkeit durch den Vorprozessschritt aus. Weitere Verfahren, bei denen reine CO_2 Laser zur Herstellung von Microvias eingesetzt werden, sind das Direct-Imaging-Verfahren und die Schwarz-Oxidation. Beim Direct-Imaging-Verfahren werden die Bohrungen zuerst ins Dielekrtikum gebohrt und anschließend die Kupferaußenlage chemisch aufgebaut. Bei der Schwarz-Oxidation wird auf der Oberfläche einer 5μm dünnen Kupferkaschierung in einem chemischen Verfahren eine Oxidschicht aufgebaut, welche die langwellige IR-Strahlung absorbiert. Dadurch kann in diesem Verfahren sowohl die Kupferkaschierung als auch das Dielektrikum in einem Schritt bearbeitet werden. Allerdings eignet sich dieses Verfahren nur für dünne Kupferkaschierungen. [33]

Aufgrund der besseren Absorption der Laserstrahlung durch das Kupfer emittieren CO_2-Laserbohrmaschinen für die Leiterplattenfertigung Laserlicht mit einer Wellenlänge von 9.6μm.

---

[31]   vgl. Eichler und Eichler (2006),Seite 96-101
[32]   vgl. Ready (1998),Seite 75-79
[33]   vgl. de Buhr und Rook (2004), Seite 212f

4.2.2   Laserbohren mit reinen Nd:YAG Lasersystemen

Der Nd:YAG Laser ist der wichtigste Festkörperlaser in der industriellen Materialbearbeitung. Das aktive Medium besteht aus einem mit Neodym-Ionen dotierten Yttrium-Aluminium-Granat-Kristall. Die Anregung der Nd-Ionen erfolgt durch Absorption von optischer Strahlung in den Energiebändern des Kristallsystems. Das sogenannte optische Pumpen kann mit Lampen, Halbleiterlaserdioden oder anderen Lasern erfolgen. Der Übergang vom oberen ins untere Laserniveau geschieht unter Emission von Licht der Wellenlänge 1064nm. Diese Wellenlänge hat den Vorteil gegenüber CO_2 Lasern, dass Optiken aus Standardgläsern verwendet werden können und die Nd-YAG-Strahlung von vielen Metallen besser absorbiert wird als CO_2-Laserstrahlung.[34] [35]

Zum Bohren von Microvias werden meist frequenzverdreifachte Nd:YAG Laser eingesetzt, deren Wellenlänge 355nm beträgt. Reine Nd:YAG Laser werden vor allem bei harzbeschichteten Kupferfolien eingesetzt und eignen sich unter anderem auch für das Bohren von Durchmessern $< 150\mu m$. Durch den geringen Strahldurchmesser des Nd:YAG Lasers von ca. $20\mu m$ stellt der Bohrdurchmesser einen wesentlichen Faktor für die Bearbeitungszeit und somit für die Bearbeitungskosten dar, da der Laserstrahl von der Lochmitte spiralförmig auf einer Bahn geführt werden muss bis der gewünschte Bohrdurchmesser erreicht ist. Die Abbildung 4-3 soll den Einfluss des Bohrdurchmessers auf die Bearbeitungszeit verdeutlichen.[36]

Glasfaserverstärkte Epoxidharzsubstrate lassen sich mit einem reinen Nd:YAG-Laser jedoch nur bedingt bearbeiten, da die UV-Strahlung zum Teil von den Glasfasern reflektiert wird, wodurch Glasfaserteile herausragen, die nicht vollständig entfernt wurden (vgl. Abbildung 4-4a-b). Weiters stellt die inhomogene Struktur, der durch Glasfasern verstärkten Dielektrika ein Problem dar, da die Prozessparameter der Lasermaschine konstant sind und dadurch an Stellen, an denen sich Glasgewebeknoten befinden, weniger Substrat abgetragen wird als an Stellen, an denen sich kein Glasgewebeknoten befindet. In Extremfällen kann dies

---

[34]   vgl. Eichler und Eichler (2006), Seite 141
[35]   vgl. Poprawe (2005), Seite 149f
[36]   vgl. de Buhr und Rook (2004), Seite 220

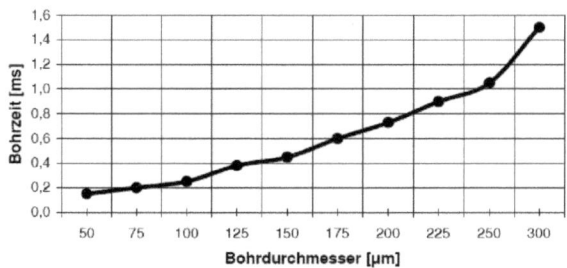

Abbildung 4-3: **Durchmesser-Bohrzeitdiagramm**

(Quelle: de Buhr und Rook (2004), Seite 221)

dazu führen, dass das freizulegende Zielkupferpad in der Innenlage mit zerstört wird (vgl. Abbildung 4-4c-d).

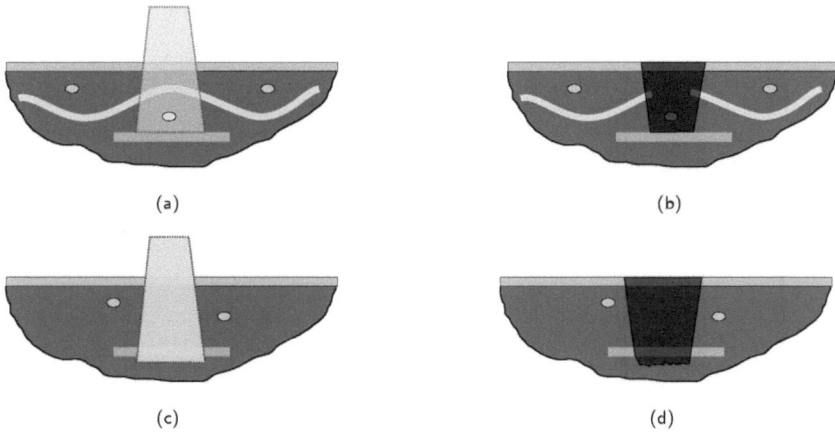

Abbildung 4-4: **Probleme mit Glasfasern bei UV-Laserbearbeitung**

(Quelle: de Buhr und Rook (2004), Seite 211)

Je feiner hierbei das Glasfasergewebe ist, desto besser können die Laserparameter darauf abgestimmt werden. Hierfür werden von den Basismaterialherstellern für die Laserbearbeitung optimierte Materialien angeboten, welche eine nur leichte Verzwirnung der Glasfasern aufweisen.[37]

4.2.3 Laserbohren mit Hybridlasersystemen

Am häufigsten werden Hybridlasersyteme zur Herstellung von Microvias eingesetzt, welche üblicherweise sowohl mit einer Nd:YAG-Laserstrahlquelle (Frequenzverdreifacht $\lambda = 355nm$) als auch mit einer CO_2-Laserstrahlquelle ($\lambda = 9600nm$) ausgestattet sind. Im ersten Schritt öffnet zunächst der Nd:YAG Laser bei allen Bohrungen die oberste Kupferschicht (vgl. Abbildung 4-5). Danach wird das darunter liegende Dielektrikum mit dem CO_2 Laser bis zur nächsten Kupferlage entfernt (vgl. Abbildung 4-6). Der Vorteil dieser Methode liegt darin, dass der CO_2 Laserstrahl wegen seiner geringen Absorption durch das Kupfer automatisch bei Erreichen der gewünschten Kupferinnenlage gestoppt wird.[38]

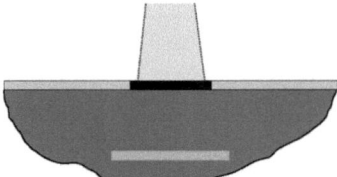

Abbildung 4-5: **Öffnen der obersten Kupferschicht mittels Nd:YAG Laser**
(Quelle: de Buhr und Rook (2004), Seite 213)

Abbildung 4-6: **Entfernen des Dielektrikums mittels CO_2 Laser**
(Quelle: de Buhr und Rook (2004), Seite 214)

---

[37] vgl. de Buhr und Rook (2004), Seite 215

[38] vgl. Gerlach und Skrypczinski (2004), Seite 212ff

Kapitel 5

Laserdirektbelichten

Zur Strukturierung des Leiterbildes werden entweder Siebdruck- oder Fotodruckverfahren eingesetzt. Entscheidend für den Einsatz des jeweiligen Druckverfahrens sind die technischen und/oder wirtschaftlichen sowie qualitätiven Anforderungen an das Endprodukt.

Leiterbilder mit Leiterbreiten und -abständen $> 150\mu$m werden grundsätzlich im Siebdruckverfahren hergestellt. Im Fotodruckverfahren können Leiterbreiten und -abstände bis 50μm (und teilweise kleiner) hergestellt werden.[39]

Bei der Fotodrucktechnik wird das Leiterbild durch Belichten mittels einer Fotovorlage auf eine lichtempfindliche Schicht übertragen. Bei dieser lichtempfindlichen Schicht kann es sich um einen fotostrukturierbaren Lack oder Trockenresist handeln. Fotolacke können durch unterschiedliche Verfahren, wie Walzen, Tauchen, Sprühen, Siebdruck oder Gießen auf die Leiterplatten aufgebracht werden. Trockenresists hingegen werden unter Druck und Wärme aufgebracht. Der Fotoresist wird nach technischen Anforderungen, wie Genauigkeit und Toleranzen sowie nach wirtschaftlichen Gesichtspunkten ausgewählt.

Grundsätzlich gibt es zwei unterschiedlich arbeitende Arten von Resist. Negativ arbeitender Resist, bei dem nicht belichtete monomere Reststellen von einer wässrig-alkalische Lösung abgewaschen werden und positiv arbeitender Resist, bei dem belichtete Reststellen zerfallen und danach von einer wässrig-alkalischen Lösung abwaschbar sind.[40]

Konventionell wird mit Hilfe eines Laserplotters eine Fotovorlage, der sogenannte Schwarzfilm erzeugt, welche die Maske für den Belichtungsvorgang darstellt. Aktuelle Laserplottsys-

---

[39] vgl. Jillek und Keller (2003), Seite 126
[40] vgl. Peters u. a. (2004), Seite 127-135

teme arbeiten meist mit einem roten HeNe Laser, welcher Laserlicht mit einer Wellenlänge von 633nm emitiert. Diese konventionellen Fotofilme lassen Strukturen bis zu 60μm zu. Dies setzt jedoch Reinraumbedingungen sowie dafür geeignete Belichtungsgeräte voraus. Foto-Filme reagieren sehr empfindlich auf die Umgebungstemperatur sowie die Luftfeuchtigkeit. Weiters kommt es bei der Handhabung häufig zu Beschädigungen wie Kratzern, was zu Serienfehlern in der Produktion führt. Auch die Registrierung der Filme und die spätere Passung des Leiterbildes zum Bohrbild ist aufwendig und stellt ein Problem dar. Laserdirektbelichtungssysteme belichten das Leiterbild direkt mittels Laserstrahlung auf den Fotoresist. D.h. kommt dieses Verfahren ohne Masken aus. Durch dieses Verfahren ist es auch möglich, Strukturen < 40μm herzustellen.[41]

Bei hochlagigen Leiterplatten mit mehr als 20 Lagen besteht eines der Hauptprobleme darin, bei der Belichtung der Innenlagen eine optimale Registrierung zu erzielen. Nicht völlig einwandfreie Innenlagen erschweren die Kontaktierung der Innenlagen und beeinträchigen bei der Belichtung der Außenlage die Erzeugung qualitativ hochwertiger Anschlussflächen-/Lochregistrierungen. Um dieses Problem zu beheben, werden oft sehr teure Glasmasken zur Verbesserung der Maßhaltigkeit eingesetzt. Durch den Einsatz von Laserdirektsystemen, die zum Registrieren auch ohne Bohrungen auskommen und UV-Marken für das Registrieren der Innenlagen verwenden, kann einerseits die Registrierung verbessert werden und andererseits müssen keine teuren Glasmasken verwendet werden. Ein weiterer Vorteil von Laserdirektbelichtungssytemen ist, dass diese vor der Belichtung jede Leiterplatte vermessen und die tatsächlichen X- und Y-Skalierfaktoren berechnen, die dann bei der Belichtung berücksichtigt werden. Dies ist speziell bei flexiblen und starr-flexiblen Leiterplatten, mit deren unterschiedlichen Maßverhalten ein großer Vorteil.[42]

Durch die Gegenüberstellung der konventionellen Film- mit der Laserbelichtung in Abbildung 5-1 werden die Unterschiede bezüglich Produktionstoleranz sowie das Wegfallen der einzelnen Prozessschritte zur Filmerstellung transparent.

---

[41] vgl. Süllau und Wiemers (2005), Seite 499

[42] vgl. Ben-Tov (2005), Seite 1386-1390

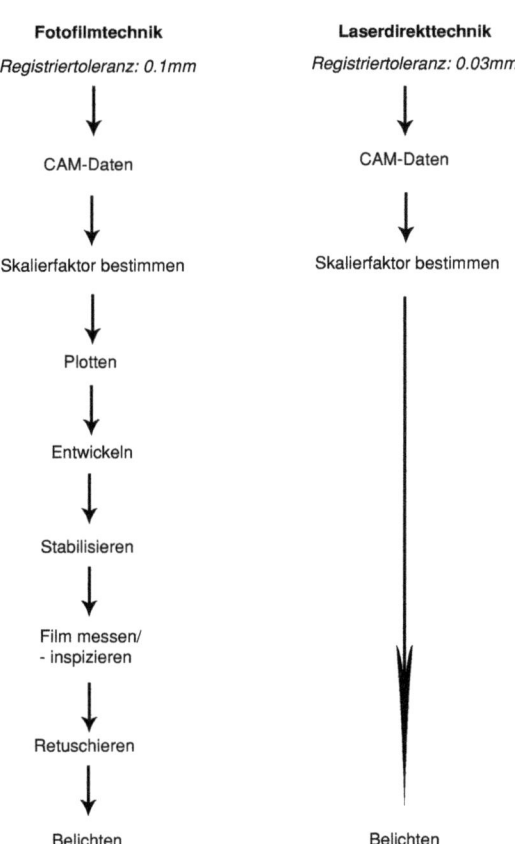

Abbildung 5-1: **Gegenüberstellung Filmtechnik - Laserdirekttechnik**

(Quelle: Eigene Darstellung)

Kapitel 6

Laserdirektstrukturieren

6.1 Leiterbilddirektstrukturieren

Wie bereits im Kapitel Leiterplatten ausgeführt, können Leiterplatten im Subtraktivverfahren oder im Additivverfahren hergestellt werden. Von Bedeutung sind Additivtechniken für die Fertigung starrer und flexibler Einlagenleiterplatten sowie auch starrer und flexibler Mehrlagenleiterplatten. Basismaterialien, welche bei der Additivtechnik zum Einsatz kommen, können sowohl schon kupferkaschiert sein ($< 1\mu$m), als auch ohne Kaschierung verwendet werden. Bei Leiterabständen $< 50\mu$m gilt die Lasertechnik, gekoppelt mit anderen additiven Abscheideverfahren bereits als technisch und wirtschaftlich attraktiv. Eine Bedingung bei der Laserstrukturierung von flexiblen Leiterplatten ist die gründliche Reinigung nach der Bearbeitung. Ultradünne Metallfilme aus Kupfer oder Gold (< 100nm Schichtdicke), welche auf flexiblen Dielektrika aufgebracht sind, können durch Laserdirektstrukturieren effektiv und kostengünstig bearbeitet werden.[43]

Im Gegensatz zum Laserdirektbelichten, bei dem Fotolacke mittels Laser belichtet werden, oder zum Laserbohren, bei dem das Material lokal verdampft wird, geschieht der Materialabtrag beim Laserdirektstrukturieren durch Ablation. Aufgrund der niedrigen Temperaturen ($< 200\ °$C), bei denen das Material abgetragen wird, spricht man hier von kalter Ablation. Meist werden hierbei Eximerlaser eingesetzt, welche Laserlicht mit einer Wellenlänge von 248nm emittieren. Abhängig von der chemischen Struktur der Materialien hat jedes Material eine materialspezifische Ablationsschwelle, welche überschritten werden muss, um Materialabtrag zu erreichen. Im Gegensatz zur konventionellen Leiterbilderstellung bei flexiblen

---

[43] vgl. Marschner (2004), Seite 477

Leiterplatten durch die Fototechnik, zeichnet sich die Laserablation durch eine reduzierte Anzahl von Prozessschritten aus. Da sowohl die Fotolithografie als auch der gesamte Ätzprozess wegfallen, werden neben der Einsparung von Prozessschritten auch Umweltbelastungen reduziert oder vermieden.[44]

6.1.1 Pattern Plating Verfahren

Pattern Plating ist ein Semi-Additiv-Verfahren zur Feinstleitererstellung ($< 50\mu$m) durch Laserstrukturierung von konventionellen Galvanoresisten. Hierbei werden Bereiche mit gröberen Strukturen zuerst konventionell mit Fotofilmen belichtet. Auch die Feinstleiterbereiche werden dabei mitbelichtet, jedoch ohne das Leiterbild über den Film abzubilden. Erst nach dem Ätzprozess werden die Feinstleiterbereiche mittels Laser hergestellt. Danach wird galvanisch Kupfer bis auf die gewünschte Endkupferstärke aufgebaut und die üblichen Prozesse, galvanisch Zinn als Ätzschutz, Ätzen des Resists, sowie Ätzen des Basiskupfers zur Erzeugung des Leiterbildes, fortgeführt. Die Abbildung 6-1 zeigt eine, mittels Laser strukturierte, Leiterplatte mit üblichem Tockenresist.[45]

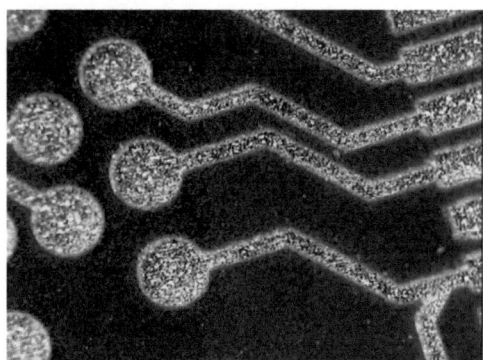

Abbildung 6-1: **Laserstrukturiertes Standard-Trockenresist (Pattern Plating Verfahren)**

(Quelle: Fa. LPKF, Laser und Electronics (2007))

---

[44] vgl. Marschner (2004), Seite 486ff

[45] vgl. LPKF (2007)

6.1.2 Zinn Resist Verfahren

Das Zinn Resist Verfahren dient zu Herstellung von Feinstleitern $< 50 \mu$m durch Laserstrukturierung von chemisch aufgebautem Zinn. Hierbei wird auf einem kupferkaschierten Basismaterial zunächst chemisch eine homogene Zinnschicht aufgebaut. Danach wird mittels Laser das Zinn im Bereich des gewünschten Ätzangriffs entfernt. Dieses Verfahren hat den Vorteil, dass durch das Wegfallen der Fotolitografie Prozessschritte eingespart werden und eignet sich für kleine Bereiche mit hoher Intregrationsdichte. Die Abbildung 6-2 zeigt einen chemisch Zinn beschichteten Feinstleiterbereich nach dem Laserstrukturieren.[46]

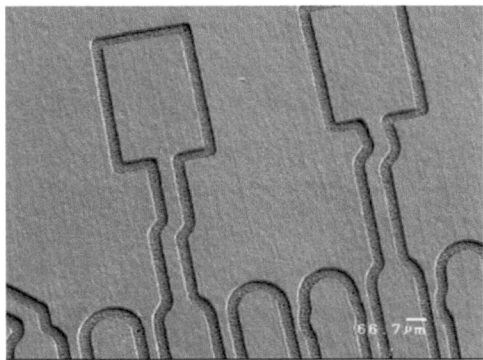

Abbildung 6-2: **Laserstrukturiertes chem. Zinn (Zinn-Resist Verfahren)**
(Quelle: Fa. LPKF, Laser und Electronics (2007))

6.2 Lötstoppdirektstrukturieren

Mittels kollimiertem Licht können durch konventionelle, fotolithografische Verfahren problemlos Strukturen von $50\text{-}75 \mu$m hergestellt werden. Feinere Strukturen durch konventionelle Verfahren herzustellen, erfordert dagegen beträchtliche Investitionen, wie Reinsträume und spezielle Maskenausrichtungen. Dadurch ist auch die Laserdirektablation von Lötstopplack auch aufgrund der hohen Genauigkeit als Alternative oder zusätzlich zu den konven-

---

[46] vgl. LPKF (2007)

tionellen Techniken, speziell bei Strukturen $< 75\mu m$ attraktiv. Die Lasertechnik eignet sich auch hervorragend zum Öffnen von Lötstoppfolien aus Polyimid, welche meist bei flexiblen Leiterplatten zum Einsatz kommen. Da das Lasersystem wenn gewünscht jede Leiterplatte optisch vermisst und mit der errechneten Skalierung bearbeitet, bietet es speziell bei engen Toleranzen einen entscheidenten Vorteil gegenüber den konventionellen Verfahren.

Ein Nachteil der Laserdirektstrukturierung ist die geringe Prozessgeschwindigkeit, welche aber teilweise umgangen werden kann, indem man nur partiell (HDI-Bereiche) mit dem Laser strukturiert und den Rest mittels konventioneller Fotolithografie. Weiters wird die Direktablation von Lötstopplack mittels Laser auch zur Nacharbeit von falsch belichteten oder unvollständig entwickelten Padflächen eingesetzt. Im Gegensatz zum konventionellen, nasschemischen Verfahren wird der Lötstopplack nach dem Auftragen auf die Leiterplatte bereits vollständig ausgehärtet und danach mittels Laserstrahl bereits strukturiert. Wie beim Laserdirektbelichten entfällt hierbei das Erstellen eines Fotofilmes, wodurch sich weiters auch Änderungen schnell durchführen lassen, ohne dass alte Fotofilme zerstört und neue angefertigt werden müssen. Die Positioniergenauigkeit bei der Laserdirektstrukturierung kann, abhängig von der Arbeitsfläche und den Registrationsmarken weniger als $10\mu m$ betragen. Laserstrukturieren von Lötstopplack und Lötstoppfolien kann grundätzlich in beliebigem Umfang angewendet werden, jedoch ist die Zykluszeit stark abhängig von der Größe der zu strukturierenden Fläche, weshalb empfohlen wird, nur HDI-Bereiche mittels Laser zu entfernen und den Rest mittels konventioneller, nasschemischer Verfahren. Zum Einsatz kommen hier üblicherweise UV-Laser mit Mehrstrahlsystemen, welche Laserlicht mit einer Wellenlänge von 330 bis 375nm emittieren.[47] Die Abblindung 6-3 zeigt eine mittels Laser geöffnete Polyimid-Lötstoppfolie einer flexiblen Leiterplatte.

---

[47]   vgl. Di Marcoberardino (2004), Seite 1466-1470

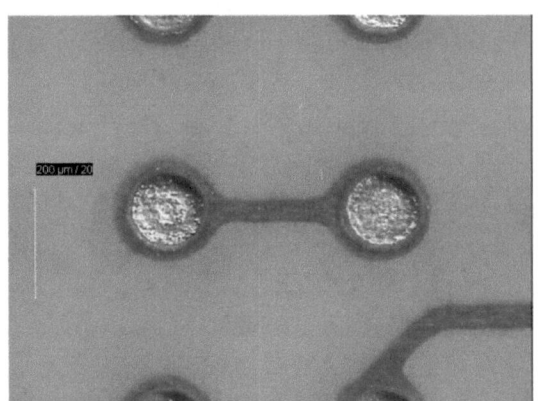

Abbildung 6-3: **Gelaserte Öffnung in Polyimidfolie**

(Quelle: Fa. LPKF, Laser und Elektronics (2007))

Kapitel 7

Laserstrahlfeinschneiden

Laserstrahlfeinschneiden wird bei dünnen Materialien < 0.5 mm und bei komplexen Strukturen eingesetzt. Als Laserstrahlquelle kommen meist gepulste, lampen- oder neuerdings gütegeschaltete diodengepumpte Nd:YAG-Lasersyteme zum Einsatz. Entsprechend der Absorption von Kunststoffen im UV-Bereich werden für das Laserstrahlfeinschneiden flexibler Leiterplatten sowohl Excimer-Laser als auch frequenzkonvertierte Nd:YAG-Laser eingesetzt. Speziell bei der Bearbeitung von flexiblen Leiterplatten aus Polyimid-Basismaterialien werden frequenzverdreifachte Nd:YAG-Laser eingesetzt, welche Laserlicht mit einer Wellenlänge von 355nm emittieren. Hierbei liegt gegenüber Excimer-Lasern, welche noch kürzere Wellenlängen besitzen, der Vorteil, dass mit sehr hohen Repetationsraten von > 20kHz gearbeitet werden kann und somit die Schneidgeschwindigkeit entsprechend erhöht werden kann. Dadurch ist es weiters möglich, einen Schnitt mit minimaler Belastung der Schnittkante zu erzeugen. Laserstrahlfeinschneiden ist verwandt mit dem Laserschneiden und Laserbohren. Der Unterschied zum Laserstrahlschneiden im Makrobereich liegt darin, dass die Laserenergie gepulst zugeführt wird, wie beim Laserbohren. Der Unterschied zum Laserbohren liegt darin, dass hierbei die einzelnen Bohrungen mit einer Überlappung von 50-90 Prozent aneinandergesetzt werden und dadurch ein Schnitt entsteht. Bei diesem Verfahren wird der Fokus des Lasers in der Regel auf die Werkstückoberfläche gesetzt, um dort die höchsten Intensitäten zu erzeugen und die thermische Beeinflussung zu reduzieren. Da die Laserenergie in kurzen Pulsen zugeführt wird, erwärmen sich die angrenzenden Gebiete nur sehr gering, wohingegen es bei kontinuierlicher Laserstrahlung zu ungewollten Aufschmelzungen durch Überhitzung kommen kann. Dadurch ist es möglich, filigranste Strukturen mit Schnittspaltbreiten < 20μm zu erzeugen. Um akzeptable Schneidgeschwindigkeiten zu erhalten, wird beim Laserstrahlfeinschneiden, mit einer für Festkörperlaser eher untypischen Repetitionsrate von 2-20 kHz gearbeitet.[48]

Laserstrahlfeinschneiden von Leiterplatten wird bevorzugt zum Vereinzeln von flexiblen Fertigungsnutzen und Leiterplatten aus keramischen, mechanisch sehr schwierig bearbeitbaren Basismaterialien eingesetzt. Die Bearbeitung von flexiblen Leiterplatten mittels Lasertechnik hat den Vorteil, dass die Repetierung der Einzelnutzen im Fertigungsnutzen ohne die, bei mechanischen Verfahren nötigen, Abstandszonen erfolgen kann. Somit wird die Flächenauslastung des meist sehr teuren Basismaterials erhöht. Ist der Schittbereich von Kupfer freigestellt, erfolgt die Trennung bei dünnen Lagen meist mit dem ersten Schnitt. Bei stärkeren Basismaterialien oder Versteifungen ist meist ein Wiederholungsabtrag nötig, wobei die Wiederholgenauigkeit heutiger Lasersysteme sehr hoch ist. Auch beim Schneiden von Ausnehmungen und der Konturbearbeitung von flexiblen Leiterplatten bietet die Lasertechnologie hohe Flexibilität bei der Verschachtelung der Einzelschaltungen im Fertigungsnutzen sowie geringe Abstandszonen und nahezu keine Grenzen bei den zu erzeugenden Geometrien. Zudem stellt das Laserschneiden von flexiblen Leiterplatten die geringste mechanische Belastung im Gegensatz zu den derzeit konventionellen Verfahren, wie Fräsen und Stanzen dar.[49]

Typische Schnittgeschwindigkeiten des Lasers in Polyimidmaterial sind:[50]

- 50μm PI = 100 mm/s

- 100μm PI = 70 mm/s

- 200μm PI = 40 mm/s

---

[48]   vgl. Poprawe (2005), Seite 345-349

[49]   vgl. Maier (2006), Seite 80f

[50]   vgl. Maier (2006), Seite 82

Kapitel 8

Zusammenfassung

Durch die Entwicklungen in den letzten Jahren ist die Lasertechnik bereits ein fixer Bestandteil in der Fertigung von Leiterplatten geworden. Diese Entwicklungen brachten im Bereich des Bohrens von Microvias entscheidende Vorteile gegenüber dem mechanischen Bohren mittels Spiralbohrer. Mit Hilfe von Lasertechnik können Löcher mit kleinstem Durchmesser prozesssicher und ökonomisch erstellt werden, wo Spiralbohrer wegen ihres dünnen Durchmessers sehr leicht brechen und die Löcher im Vergleich langsamer erstellt werden können als mit Hilfe der Lasertechnik. Das derzeit am häufigsten angewandte Verfahren um Microvias zu bohren, ist mittels Hybridlasermaschinen, bei denen zuerst mittels Nd:YAG-Laser das Basiskupfer geöffnet wird und danach das Loch mittels CO_2-Laser erstellt wird. Auch bei der Erstellung des Leiterbildes kommt Lasertechnik zum Einsatz, um feinste Strukturen herzustellen, die mit Fotofilmen nicht mehr herstellbar sind. Beim Verfahren des Laserdirektbelichtens wird das Leiterbild direkt mittels Laser auf den fotosensitiven Resist belichtet. Dies hat den Vorteil, dass kein Fotofilm mehr notwendig ist, wodurch der gesamte Prozess der Erstellung des Fotofilms entfällt. Weiters ist es möglich, feinere Strukturen als mit einem Fotofilm herzustellen und dies mit einer höheren Registriergenauigkeit, da jede Platte einzeln vermessen und registriert wird. Schließlich ist es sehr einfach, Änderungen einfließen zu lassen, da kein Fotofilm erstellt werden muss bzw. das Verschrotten des alten Filmes auch entfällt. Ein anderes, noch weniger eingesetztes Verfahren ist das direkte Strukturieren des Leiterbildes. Unter anderem wird hierbei das Leiterbild direkt durch das Abtragen des Kupfers mittels Laser erzeugt. Dieses Verfahren wird hauptsächlich für die partielle Erzeugung von Feinstleitern in Kombination mit herkömmlichen Verfahren (Belichten mit Fotofilm) eingesetzt. Ähnliche Verfahren (Laserdirektbelichten) können auch bei der Erzeugung der Lötstoppmaske zum Einsatz kommen, wo eine fotosensitive Lötstoppmaske mittels Laser belichtet wird oder vollständig ausgehärteter Lötstopplack mittels Laser entfernt wird. Ein weiteres Einsatzgebiet der Lasertechnik ist das Laserfeinschneiden von flexiblen und starr-flexiblen Leiterplatten. Die Vorteile gegenüber den konventionellen Verfahren wie Fräsen und Stanzen liegen in der berührungslosen Bearbeitung durch den Laserstrahl, wodurch das Material sehr einfach am Maschinentisch zu befestigen ist und die unmittelbare Umgebung des Schnittbereichs nicht beeinträchtigt wird. Weiters ist es möglich, kleinste Strukturen herzustellen, die bspw. mittels Fräswerkzeugen nicht herstellbar sind. Durch die fortschreitenden Entwicklungen in der Lasertechnik wird diese auch in jenen Gebieten eine attraktive Alternative, in denen sie noch nicht so populär eingesetzt wird, wie beim Laserbohren von Microvias.

Literaturverzeichnis

Ben-Tov 2005

Ben-Tov, Ido: Laser Direct Imaging für die Leiterplattenfertigung - Anforderungen, Lösungen und Vorteile. In: *Produktion von Leiterplatten und Systemen* 7 (2005), S. 1386–1390

de Buhr und Rook 2004

Buhr, J. de ; Rook, R: Laserbohren von Leiterplatten. In: *Handbuch der Leiterplattentechnik*. Band 4. Deutschland : Eugen G. Leuze Verlag, Bad Saulgau, 2004, Kap. 4.4

Di Marcoberardino 2004

Di Marcoberardino, Markus: Laserstrukturierung von Leiterplatten. In: *Produktion von Leiterplatten und Systemen* 6 (2004), S. 1466–1470

Eichler und Eichler 2006

Eichler, Juergen ; Eichler, H.J.: *Laser: Bauformen, Strahlführungen, Anwendungen*. Sechste, aktualisierte Auflage. Deutschland : Springer Verlag, Berlin, 2006

Gemsleben 2004

Gemsleben, B.: Kupferfolien. In: *Handbuch der Leiterplattentechnik*. Band 4. Deutschland : Eugen G. Leuze Verlag, Bad Saulgau, 2004, Kap. 2.1

Gerlach und Skrypczinski 2004

Gerlach, B. ; Skrypczinski, J.: Mechanisches Bohren. In: *Handbuch der Leiterplattentechnik*. Band 4. Deutschland : Eugen G. Leuze Verlag, Bad Saulgau, 2004, Kap. 4.1

ISOLA 2007

ISOLA: *Hochfrequenzmaterialien*. Deutschland: ISOLA (Veranst.), 2007. – URL http://www.isola.de/d/ecomaXL/index.php?site=ISOLA_DE_performance_hoch_frequenz. – Stand: 25-04-2007

Jillek und Keller 2003

Jillek, W. ; Keller, G.: *Handbuch der Leiterplattentechnik*. Band 4. Deutschland : Eugen G. Leuze Verlag, Bad Saulgau, 2003

Keller 2004

Keller, G.: Überblick über Aufbau und Herstellverfahren. In: *Handbuch der Leiterplattentechnik*. Band 4. Deutschland : Eugen G. Leuze Verlag, Bad Saulgau, 2004, Kap. 10.1

Lehnberger und Oberender 2004

Lehnberger, Ch. ; Oberender, L.: HDI-Leiterplatten. In: *Handbuch der Leiterplattentechnik*. Band 4. Deutschland : Eugen G. Leuze Verlag, Bad Saulgau, 2004, Kap. 10.6.3

LPKF 2007

LPKF, Laser & Electronics A.: *Laser Direktstrukturieren*. Deutschland: LPKF Laser & Electronics AG (Veranst.), 2007. – URL http://www.lpkf.de/anwendungen/leiterplatten/leiterbilderzeugung/laser_direkt_strukturierung/start.html. – Stand: 01.05.2007

Maier 2006

Maier, Jochen: *Lasercut*. Kap. 6.8.4, S. 80, 81. Deutschalnd : Eugen G. Leuze Verlag, Bad Saulgau, 2006

Marschner 2004

Marschner, U.: Additivtechnik. In: *Handbuch der Leiterplattentechnik*. Band 4. Deutschland : Eugen G. Leuze Verlag, Bad Saulgau, 2004, Kap. 10.4

Pape 2004

Pape, U.: *Microvia-Herstellung*, 2004. – URL http://www.pb.izm.fhg.de/mdi-bit/addon/JTE/Documents/MicroVia-HerstellungFellbach2004.pdf. – Stand: 25-04-2007

Peters u. a. 2004

Peters, W. ; Dietrich, R. ; Müller, M.: Fotodruck. In: *Handbuch der Leiterplattentechnik*. Band 4. Deutschland : Eugen G. Leuze Verlag, Bad Saulgau, 2004, Kap. 3.1

Poprawe 2005

Poprawe, R.: *Lasertechnik für die Fertigung.* Deutschland : Springer Verlag, Berlin, 2005

Ready 1998

Ready, J.F.: *Industrial Applications of Lasers.* Second Edition. USA : Academic Press, USA, 1998

Süllau und Wiemers 2005

Süllau, Alexander ; Wiemers, Arnold: *Laserdirektbelichtung.* Ausgabe 8.0. Hannover: ILFA (Veranst.), 2005. – URL http://www.ilfa.de/download/415/Laserdirektbelichtung.pdf. – Stand: 28-04-2007

Willuweit 2002

Willuweit, J.: *Basismaterial für Microvia Bohrlagen in Leiterplatten mit hohen Integrationsdichten,* 2002. – URL http://www.isola.de/d/ecomaXL/get_blob.php?name=Plus-ISOLA2002.pdf. – Stand 2007-04-10